AF265665

Tb 58
23.

NOUVELLE THÉORIE

DE

LA VISION.

NOUVELLE THÉORIE

DE

LA VISION.

AVANT-PROPOS.

Je traite une question qui a été fort controversée.

Les physiciens ont noté avec exactitude les faits produits par la lumière, dont ils ont pu constater et la marche et les modifications, avec une précision mathématique. Mais au-dessus de ces faits secondaires, il y en a un sur lequel les anciens se sont partagés, et pour la solution duquel la science a fait peu de progrès. Ce fait est le phénomène de la vision, problème complexe, se rattachant à la physique, à la physiologie et même à la philosophie, puisqu'il s'agit ici du rapport de l'âme avec la matière.

Empédocle, Platon, les Stoïciens, Hipparque, Képler et d'autres, ont fait de vains efforts pour rendre compte de la perception extérieure. C'est qu'ils n'ont pu dégager assez leurs idées de la molécule; aussi l'hypothèse de Démocrite et d'Epicure sur les *images* ou *émanations* des corps, a-t-elle toujours prévalu en principe, bien que modifiée par le *médium diaphane* d'Aristote, promoteur des théories de l'émission et des ondulations. Une image nous arrive, dit-on, et voilà tout. Pourtant là n'est pas toute la vérité. Dans la molécule et au-dessus d'elle, il y a une force qui la domine, qui lui sert de lien, qui se confond avec d'autres forces au-delà de la stricte limite des corps, et qui enfin s'identifie avec la force spontanée de l'être animé, pour agrandir sa sphère d'activité.

Tel est l'objet de ce mémoire. Je crois avoir prouvé mon opinion par des faits concluants. Seulement je regrette d'avoir, *et pour cause*, trop restreint mon travail : Je compte sur l'indulgence et l'attention du lecteur pour racheter ce défaut. (1)

LAMBERT du Val d'Ajol.

---

(1) Je dois cette publication à l'obligeance d'un ami.

BIBLIOTHÈQUE IMPÉRIALE
IMPR.
1855

DU PRINCIPE DE LA VISION.

Les faits donnés par l'expérience font découvrir le principe ou la loi qui les régit; mais dans cette exposition succincte de nos observations, il nous paraît plus convenable de poser d'abord le principe de la vision, pour l'appuyer ensuite par l'expérience.

Nous vivons sous l'action de forces qui nous entourent et nous pressent de tous côtés. Une des plus remarquables est l'élasticité des fluides répandus dans l'espace. Personne n'ignore que quelques-uns de ces fluides, dits impondérables, sont d'une telle ténuité qu'ils pénètrent les corps les plus denses, et conséquemment nous-mêmes; on sait aussi que notre âme a prise, dans nos mouvements, sur cette matière subtile, et qu'ainsi elle est en rapport direct avec cette dernière. La raison en est que l'action de la matière, qui n'est plus proprement matière, n'est pas morcelée comme les molécules des corps. Par exemple, si nous concevons une file de molécules d'air dans toute l'épaisseur de l'atmosphère terrestre, celle de la base réunira tout le poids des autres. La force d'attraction ou de pesanteur aura passé, sans interruption, de la première molécule jusqu'à la dernière, pour former une unité de poids. Nous devons donc concevoir unité d'action là où nous apercevons divisibilité de matière.

L'action électrique et celle de la lumière sont instantanées dans un immense rayon pour le moindre temps donné. J'appelle *puissance* de l'onde lumineuse la sphère d'action produite par une lumière de la moindre durée appréciable, soit la seconde; et j'en fais une *unité d'action* pour la nature humaine.

Mais par quoi cette onde existe-t-elle? Par l'élasticité du fluide, dont elle est une modification. Alors, si la modification est sentie, la force élastique elle-même, sans être modifiée, doit, à plus forte raison, agir sur nous à l'état latent, et point d'action sans effet. Il faut donc ici s'élever au-dessus des faits apparents mais secondaires, et se rendre compte du fait principal, pour en faire la base d'une théorie de la vision.

Partons des données les plus saisissables.

Soit C A (fig. 1) la ligne parcourue par l'objet A, lancé sur une pièce d'eau tranquille. Il abaisse sur son passage la surface de l'eau, qu'il refoule autour de lui en forme d'onde. Mais le liquide déprimé est reporté vers son niveau qu'il dépasse, puis revient, et il oscille ainsi un certain nombre de fois jusqu'à ce que l'équilibre se trouve rétabli. Ces oscillations verticales sont déterminées par un accident *local*, mais leur cause ne l'est pas ; cette cause est une lutte entre la pression de l'air et la pesanteur de l'eau, et ces forces d'élasticité et d'attraction occupent une étendue immense.

Quand l'eau, déprimée en A, a reflué vers C, elle a comprimé l'air, et cette compression s'est portée vers D dans une proportion décroissante jusqu'à zéro ; le faible déplacement de chaque molécule d'air a suivi cette proportion, et a produit un effet de pression très-rapide sous le puissant mobile de la somme d'élasticité de l'air : cette pression ayant plus de prise en-deçà de l'onde qu'au-delà, vient en aide à l'impulsion du liquide, et l'onde semble rouler, bien que ce mouvement ne soit qu'un abaissement et un relèvement successifs de chaque point de la partie supérieure de l'eau.

On dit que deux ondes ne se détruisent pas en se croisant ; au contraire, leur mouvement n'en doit être que plus rapide. En effet, supposons qu'une onde semblable à A C se produise en B D. Il y aura dans l'air, entre C et D, deux compressions opposées, c'est-à-dire diminuant dans une proportion inverse ; ces compressions se réduisent à une seule, égale partout, mais doublée, et conséquemment se portant plus vivement au-delà des points C et D.

Quant aux ondes de l'eau, supposons qu'elles se joignent au point r : à cette jonction, le soulèvement d'une onde est déjà formé par l'autre et devient nul, c'est un avantage. Ensuite, quand les deux ondes n'en forment plus qu'une, l'impulsion de l'une se porte immédiatement du côté opposé et réciproquement, en sorte qu'elle se propage au-delà de k l réunis, comme celle de l'air au-delà de C D.

Ce raisonnement nous démontre que, dans l'équilibre des fluides, deux mouvements qui se traversent n'en forment plus qu'un seul en cet instant, par le fait d'une pression ou d'une condensation instantanée du fluide. Il nous montre, en outre, quelle liaison existe entre des forces mises en présence, agissant et réagissant dans un but commun, comme parties intégrantes d'un même tout.

Maintenant, admettons que le point C soit l'organe auditif et qu'il reçoive une onde sonore du point D. Celle-ci devra s'arrêter partiellement au point C, qui en supportera la force d'impulsion ; la molécule d'air la plus voisine s'opposera à l'avant-dernière, et ainsi de suite, et l'onde, en tant que pression, refluera en D. Mais cette seconde pression procède de l'organe auditif, réagissant dans un équilibre qui fait sa propre force ; il est donc censé produire lui-même une onde sonore. Et ne sentirait-il que la partie tangible de l'effet qu'il produit ? Certes, il n'en saurait être ainsi : premièrement parce que le tympan de l'oreille, *s'il pouvait rendre quelque son*, du moins, serait incapable de les rendre tous ; secondement, il n'a pas l'ampleur nécessaire à la plupart des ondulations ; troisièmement, ces dernières passant l'une dans l'autre, la molécule voisine de l'organe ne pourrait en reproduire plusieurs simultanément. Il faut donc que le pouvoir de l'organe auditif dépasse cette étroite limite, et qu'une vibration ne serve qu'à manifester une action étendue, dont la *puissance* de l'onde est pour nos sens le minimum. En effet, entre deux ondes sonores existe un fond commun de force, d'où résulte l'unité totale qui agit sur l'organe : là est le ton. L'onde n'est point une force, mais l'application restreinte d'une force mise par là même en communication avec la nôtre; cet effet a, dans sa cause, un retentissement aussi éloigné que le comporte l'unité de force qui y réside; et ce retentissement, pur fait d'activité, rencontre en nous un sens, qui n'est lui-même que comme un côté de notre activité sensitive. On peut donc dire que l'effet senti et le sens sont comme *le point de fusion* de deux activités qui dépassent ce point, sans **discontinuité.** (1)

Voilà ce que nous voulons démontrer par l'expérience pour l'organe de la vue.

Deux activités, deux actions ne peuvent être en relation qu'en se confondant en quelque sorte l'une dans l'autre par une modification réciproque, pour agir l'une sur l'autre : car elles ne sont plus réductibles à la molécule et à l'impénétrabilité. Si un fluide presse sur moi, je dois presser sur lui à force égale; si son action est instantanée à une grande distance, la mienne aussi le sera à pareille distance; et comme mon action est une et vivante, elle vivra et se sentira dans toute son unité. La limite de deux forces disparaît dans l'unité d'action, voilà ce qui nous fait plonger dans l'espace, selon le témoignage de la conscience.

Tel est le principe sur lequel repose, selon moi et d'après l'expérience, la vraie théorie de la vision. En voici la formule : **L'unité dans l'instantanéité de l'action et de la réaction transmise au dehors nous appartient intimement, et donne la mesure de notre sphère de vie.**

Il faut s'élever ici jusqu'à l'immatériel, jusqu'à l'activité pure, comme en tout ce qui touche l'âme humaine.

Maintenant passons aux faits.

De l'image réfléchie.

Si, d'un point O (fig. 2), on porte son regard sur une glace G L, les rayons A C, B D, qui semblent déployés en A C', B D', limitent l'étendue de l'image C A O B D = C' O D'. Ces lignes figurent l'ouverture d'un cône de lumière que nous appellerons *le champ de l'image* (2), parce qu'elle semble le parcourir. Pourtant cette ouverture entre-coupe les pinceaux des rayons interposés entre l'œil et l'objet; c'est pourquoi

---

(1) Une propriété remarquable des lois de l'équilibre, c'est une force d'expansion qu'il prête aux corps : l'élasticité des gazes qui nous pénètrent nous appartient, tout en restant la résultante d'une masse immense; un homme est donc, sous ce rapport, un point de cet équilibre. L'animalité a son homoïose d'action comme de substance; autrement, la philosophie en serait réduite à l'idéalisme.

(2) Une idée nouvelle nécessite une expression nouvelle aussi; je m'en suis permis quelques-unes.

l'image résulte d'une autre condition que de la direction et, par suite, de la vibration d ces rayons : la vibration onduatoire, quoique indispensable, serait insuffisante pour l'explication de ce fait.

Cette autre condition indispensable à la production du cône et de l'image, c'est évidemment la pression ou tension résultant de l'élasticité du fluide lumineux. Oui, l'image est un fait d'élasticité, on ne peut comprendre l'une que par l'autre ; pourquoi donc cherche-t-on si peu à l'approfondir, qu'on semble se contenter de la vibration ? (1)

Cette tension, dans un équilibre parfait, est sur chaque point la résultante de tous les autres ; la pression sur l'œil et sur l'objet vu n'est qu'une même chose conservant d'un bout à l'autre les mêmes propriétés et conséquemment des modifications semblables (similitude indispensable dans toute hypothèse sur les images) ; ou encore, ce sont les deux termes d'un même rapport en communication directe, au moyen de l'unité d'action, à laquelle l'âme participe de deux manières : sensiblement, quand la lumière est vibrante ; insensiblement, quand la lumière est seulement comprimante. Alors l'activité de l'âme, plus concentrée, se rapproche de l'état de sommeil, où elle l'est tout-à-fait.

Nous verrons par la suite que, dans la fig 2, l'image est *la pression* C A O B D, où notre *contre-pression* est modifiée par la vibration, et révèle ainsi certaines nouvelles propriétés que nous appelons l'image.

Il en est de même de l'image directe.

De l'image sur la rétine.

Cette question des *images sur la rétine* a soulevé de grandes difficultés. Il faut, tous le reconnaissent, qu'une image puisse s'y dessiner, sans quoi il y aurait interruption entre le sujet qui perçoit et l'objet perçu. Mais si l'on réduit l'image à l'impression faite sur la rétine, à part les difficultés d'optique, comme la chromatie, etc. comment se fait-il qu'en percevant les couleurs, on ne perçoive pas au moins la surface de la rétine ? Et si l'on ne voit que ce qui est immédiatement en dehors de celle-ci, la difficulté de la distance commence déjà et se complique de la présence de l'humeur vitrée, non plus visible que la rétine. Où en serait-on, si, dans cette hypothèse, il fallait expliquer le passage de l'image au cerveau à travers les faibles dimensions d'un nerf opaque? (2) ou s'il fallait donner *de bonnes raisons* de l'appréciation des distances ?

Évidemment la théorie de la vision a été mal faite. Nous allons le démontrer par l'expérience. Commençons par une simple observation sur deux faits bien connus.

1er On peut voir séparément par chacun des deux yeux, en regardant deux objets minces, placés à distance l'un de l'autre sur la per-

____

(1) On peut comparer la vibration à la molécule de la colonne d'air dont j'ai parlé au commencement, et l'image au poids de la colonne.

(2) La sensation seule n'a ni forme ni couleur, elle ne suffirait pas.

pendiculaire au milieu de la base de l'angle optique : celui des deux objets qu'on regardera le moins attentivement *paraîtra double*, parce qu'il n'est plus dans l'axe optique principal de chaque œil. Cependant les images doivent se trouver dans une disposition symétrique sur la rétine. Comment lever la difficulté de cette double vision ?

2e Au contraire, si l'on regarde un objet mince vis-à-vis de la flamme d'une bougie, en le tenant à une distance moindre que celle de la vision distincte, il paraît coupé et l'image de la flamme n'est pas scindée. Que l'objet disparaisse vis-à-vis de la flamme, cela se conçoit ; puisque la divergence des rayons a fini par combler l'ombre formée par l'objet interposé, le défaut de lumière n'est plus apparent sur l'organe de la vue : une négation a disparu. Mais les rayons internes n'en suivent pas moins deux routes relativement obliques de chaque côté de l'objet opaque, et leur direction sur la rétine est scindée comme s'ils venaient de deux points différents. C'est seulement au-delà de l'obstacle que le faisceau est compacte et régulier. N'est-ce pas là que la perception s'opère, et la direction des rayons est-elle exactement sentie ?

L'impression produite par une image sur la rétine n'est pas nécessaire à la perception : la vision s'opère à distance.

Je le répète, j'admets la réalité des images sur la rétine comme une limite nécessaire d'un phénomène régulier ; mais je nie qu'elles y soient plus senties qu'une image réfléchie par la cornée transparente (1)

1re PARTIE. Soit B C (fig. 3) la courbe amplifiée de la cornée transparente ; G L la section droite d'une glace de 7 millimètres d'épaisseur, sur 55 de largeur et 15 centimètres de longueur ; le point A une bougie, ou un objet éclairé, si l'expérience se fait pendant le jour. La glace est dans une position verticale dans le sens de sa largeur, et ses bords sont dépolis, excepté d G.

Si l'on tient la glace près de l'œil, en sorte d'effleurer le rayon A o par l'angle saillant, en formant un angle plus ou moins grand A d K, le bord K L sera vu par réflexion un assez grand nombre de fois, dont les dernières (deux ou trois) paraîtront au-delà du point A vers S. Ces dernières images provenant des différents rayons qui aboutissent de d G à K L par les réflexions les plus nombreuses, correspondent aux rayons les plus inclinés sur d G et sur la cornée transparente.

Il est possible, du reste, de s'en assurer au moyen d'un objet mince que l'on tient entre la glace et l'œil, dans l'angle e d G ; en le rapprochant de l'œil jusqu'sur la cornée, on voit disparaître ces images extrêmes dont nous parlons. Je me suis assuré, par le même procédé, qu'aucun rayon perçu ne vient d'au-delà de la ligne o A ; car en suivant cette dernière avec l'objet mince, taillé exprès, j'arrivais à toucher la cornée sans effacer aucune image. Cette minutieuse et fatiguante vérification n'est pas indispensable, la preuve théorique suffit.

---

(1) Remarquons d'abord que la cornée est très sensible et que la rétine ne l'est pas (MAGENDIE).

Maintenant, il est clair que le rayon c d, prolongé dans l'œil, doit couper le rayon A o, et qu'aucun ne devrait y paraître du côté opposé : ici la vision n'est pas conforme à *l'image de contact*. D'où vient cela ? C'est, sans aucun doute, uniquement de ce que la vue suit le rayon c d, qui, prolongé, couperait le rayon o A. Donc la vision s'opère en dehors de l'œil indépendamment de l'image inaperçue sur la rétine.

Voilà pourquoi nous n'apercevons rien dans l'œil au-delà de l'iris; l'œil fait office de glace, et si on le place en-deçà du foyer d'un miroir concave à court rayon, on pourra seulement le voir plusieurs fois par réflexion, à l'instar des glaces parallèles. (1) Je ne vois là qu'un équilibre ondulatoire senti dans son étendue hors de la cornée.

On peut remarquer alors certains effets de lumière autour de la cornée comme le rayon R, qui vient s'y appuyer sur une pointe arrondie. Ces reflets, pure lumière qu'un rien fait changer, ne pourraient traverser le corps de l'œil sans se perdre. Si notre langue me le permettait, je dirais qu'ils sont *indéplaçables*.

2ᵉ Preuve. *Nous pouvons voir un objet, sans que les rayons qui l'éclairent arrivent sur l'œil.*

Dans une chambre noire M N S T (fig. 4.), disposons plusieurs petites glaces mobiles sur leurs axes, comme l'indique la figure. A est une glace épaisse de 7 millimètres, B et C deux glaces métalliques, D un marbre poli, fond blanc avec raies noires.

Si l'on fait arriver un rayon de lumière R sur la glace A, par un trou pratiqué exprès, et qu'en-dessus du point A on ôte un peu de tain, de manière que l'œil, adapté sur l'entrée O sans laisser passer de jour, puisse suivre la direction A B ; si ensuite, au moyen d'une petite portière en x, on ajuste les glaces en sorte que le rayon arrive en D sur le marbre, et aille se perdre vers S sur les parois de la chambre d'un noir mat ; après avoir fermé la portière, on apercevra le marbre D.

Et pourtant le rayon brisé R A B C D ne peut être réfléchi en O ; de A à O, il ne peut y avoir qu'une faible lueur produite par la chute du rayon sur la glace, plongeant vers x et *dirigée en sens contraire dudit rayon.*

Donc la proposition précédente est vraie.

3ᵉ Preuve. Figurons la flamme d'une lampe à mèche plate, F (fig. 5); en face un écran A, percé au milieu par une ouverture de la largeur de la flamme, pour que les rayons de celle-ci puissent arriver directement sur un marbre poli à fond blanc B. Le marbre sera vu *également* dans toute la largeur du cône k O l, par l'œil qui, placé en O immédiatement derrière la flamme, regardera au travers par sa base bleuâtre et transparente.

---

(1) Le miroir dont je me suis servi avait 54 millimètres de rayon. Pour faciliter la réflexion de la lumière, il est nécessaire que les rayons du soleil tombent transversalement sur l'œil, dans un jour convenable.

Cependant les rayons de ce cône de lumière n'ont pu être réfléchis en F que dans la partie r s. Les autres rayons, réfléchis en-dehors, ont dû être arrêtés par l'écran. La surface du marbre qui avoisine les points k et I ne devrait donc pas paraître éclairée. Que si l'on objecte l'effet d'une lumière diffuse, il faut au moins convenir que la différence d'éclat devrait être très-apparente; car cette faible lumière diffuse deviendrait à peu près insensible par l'action de la flamme qu'il lui faudrait traverser.

4ᵉ Preuve. Soit un petit morceau de papier percé d'un trou de 4 ou 5 millimètres de diamètre, et collé sur la face antérieure d'une glace A non étamée (fig. 6.); si on la présente à une glace ordinaire B, et qu'on regarde en O derrière la première, par l'ouverture pratiquée dans le papier, on y verra une seconde image affaiblie du morceau de papier, par l'ouverture de la première image.

En supposant que la vision ait lieu de A en B, il est facile de concevoir que le rayon réfléchi, bien que rencontrant à peu près perpendiculairement la glace A, soit rejeté en faible partie sur B et revienne encore en A. Mais, dans la supposition d'après laquelle il faut que la partie du rayon qui n'a pas pu pénétrer une première fois la glace A puisse le faire à son tour, malgré son affaiblissement, et pénétrer encore jusqu'au fond de l'œil pour y imprimer une image, il y a vraiment là quelque chose qui répugne à la raison. La difficulté augmente, quand on pense que cette seconde image viendrait s'adapter sur la rétine à la première beaucoup plus vive. Enfin, elle devient tout-à fait insoluble, si l'on applique derrière la glace A un verre de couleur, qui devrait diminuer de 6/7 la lumière des images, rendue moins apparente encore par la couche plus vive qui avoisine l'œil.

Quand même le terme de la progression décroissante du rayon aurait encore quelque valeur sur l'organe, est-il naturel que la force animée n'ait pas la vertu expansive et communicative de la force morte, et qu'attendant celle-ci sur son déclin, elle la saisisse néanmoins avec la plus grande vigueur, au point de relation le plus défavorable et en dépit du contraste? Disons avec Garo :

A quoi pensait l'auteur de tout cela?

Miroirs concaves et lentilles.

5ᵉ Preuve. J'ai dit en expliquant le principe de la vision, qu'elle résulte de notre réaction sur l'action du fluide lumineux, et que l'action et la réaction n'étant que la même force, celle-ci devient *nôtre*. Ce principe consiste donc dans un système de forces, ou si l'on veut, d'activité. Voilà ce qu'il ne faut pas perdre de vue, et ce qui sera rendu plus saillant dans l'explication suivante touchant les *images réelles* des miroirs concaves et des lentilles.

Un miroir concave P R (fig. 7.) réunit et concentre un système particulier de lumière réfléchie dans *l'espace focal* P A F B R : c'est une puissance de lumière supérieure à ce le qui l'environne, première raison pour que l'image soit saisie dès cet endroit de son *champ* ; car chacun sait qu'une lumière terne dans le lointain disparaît par l'interposition d'une lumière vive. D'ailleurs ce champ de l'image est comme noué par l'entre-croisement des rayons à la sortie de l'espace focal, où il n'a presque plus d'étendue, seconde raison pour que la perception de l'objet ne dépasse pas ce point.

Ce qui confirme cette explication, c'est que si l'on détruit la concentration de la lumière dans l'espace focal, en pratiquant une ouverture dans une feuille de papier qu'on applique sur le fond du miroir, ce qui sera vu par l'ouverture paraîtra derrière la glace, l'image réelle devenant virtuelle, dans les dimensions de l'espace focal. (1)

Ou encore, si l'on présente sur l'axe du miroir un petit objet, et que, plaçant son œil vers l'axe, pas très-loin en-arrière de l'objet, on l'éloigne lentement de celui-ci en décrivant une courbe vers le miroir, tout en tenant l'objet de manière que l'image reste sur l'axe, on la verra s'abaisser successivement. En effet, le rayon visuel finit par couper, parallèlement à sa base, le cône de lumière concentrée ; et cette lumière perd de son action sur l'organe de la vue.

Mais remarquons encore ici que l'image réelle est vue dans la partie de l'espace focal la plus voisine de l'œil. Or, *évidemment le cône de lumière focale ne pourrait* RÉFLÉCHIR *du côté de l'œil une image qui viendrait du côté opposé ; la vision est directe jusqu'au miroir, et la nuance saisie hors de l'organe.*

Cette explication s'applique aussi aux images réelles des lentilles.

C'est à la même cause que je rapporte l'image produite dans la chambre obscure. Le fond peu éclairé sur lequel tombe le rayon visuel contre le jour du dehors, comme aussi l'affaiblissement, par la lumière diffuse, des rayons réfléchis, produit un contraste entre ceux-ci et les rayons incidents. Voilà pourquoi l'image apparaît au point de la différence.

Ne faudrait-il pas rapporter aussi à une cause analogue l'irradiation de même que la superposition de plusieurs images du même objet (chez les myopes), du disque de la lune, par exemple ?

Dans ce dernier cas, la cornée et le cristallin reçoivent un faisceau de lumière reposant sur une base à zones d'une intensité très-différente ; les zones extérieures sont fort affaiblies en raison de la grande inclinaison des rayons sur la cornée trop convexe, et elles présentent ainsi plusieurs degrés distincts de force rayonnante, degrés nécessairement mieux appréciés dans une lumière faible, repoussant à peine les ténèbres environnantes.

Je ne fais ici qu'une hypothèse. Pourtant elle s'appuie naturellement sur ce que nous pouvons voir un objet par plusieurs points de la cornée

---

(1) J'appellerais plutôt l'image réelle, *concentrée*, et l'image virtuelle, *brisée* ; les autres seraient *directes*.

transparente. Ainsi, les glaces parallèles permettent de voir un grand nombre de fois le même objet, mais toujours sur un point différent de la cornée ; un objet mince éloigné sera vu en dehors des surfaces de droite et de gauche d'une règle épaisse de 8 à 10 millimètres, etc.

Je pourrais encore ajouter quelques expériences aux précédentes ; mais je crois devoir me borner à ce résumé.

CONCLUSION.

J'ai établi par des faits que la vision est plus qu'un tact, que c'est une puissance d'expansion, un rayonnement d'activité nous faisant sentir au loin. J'ai montré, en principe, qu'elle a sa raison dans l'unité d'action, condition essentielle à la spontanéité. De là cette conséquence, que *la vie de relation* a sa base sur le *fait* d'une activité propre qui n'est point bornée brusquement à la limite du corps. Et, en bonne logique, pourrait-il en être autrement ?

N. B. On a dit que l'homme cherche continuellement à conquérir le temps et l'espace. Quand la présente théorie prévaudra, un peu plus tôt ou un peu plus tard, il aura fait une immense conquête. Il reconnaîtra que l'âme humaine n'est ni aussi étroite, ni aussi emprisonnée qu'on l'a prétendu. L'univers est une combinaison de forces, de puissances auxquelles notre être est aussi intimement uni que le membre au corps. Seulement l'âme a une entière liberté d'action dans le cercle tracé à sa puissance, et en cela elle ne suit que la règle générale des êtres, qui varient et développent l'action davantage en restant eux-mêmes, quoique fortement unis au tout.

Sur l'Arc-en-Ciel.

Bien que ce sujet n'entre qu'indirectement dans la question que je traite, puisque la théorie connue est applicable à la solution que j'ai cherchée au problème de la vision ; cependant je désire consigner ici une explication très-simple du phénomène de l'arc-en-ciel, qui m'a long-temps préoccupé. Mais je ne donne cette explication que comme une hypothèse ; attendu que la situation désavantageuse dans laquelle je me trouve, ne me permet pas de continuer mes expériences.

Depuis que je m'occupe quelque peu de physique, je n'ai jamais pu admettre :

1re Qu'une goutte d'eau qui aurait toute la régularité d'un globe de verre rempli d'eau, donnerait, *en pleine lumière*, un spectre visiblement réfléchi sous un angle de déviation de 42° à 54", puisque cela n'a pas lieu pour le globe.

2e Que les gouttes de pluie, tourmentées dans l'atmosphère, offrissent les conditions de transparence et de régularité suffisantes ; elles n'ont guère que les propriétés d'une cascade, et cela suffit comme l'expérience le prouve.

5ᵉ Que le spectre, même supposé visible à une très-faible distance d'un globule aussi minime, pût être sensible de loin, puisqu'un rayon n'étend point l'action de l'autre. Il faudrait que le spectre, dont le sommet est un infiniment petit, prît une extrêmement grande étendue, au préjudice de son intensité, pour pouvoir donner la largeur de l'arc-en-ciel.

Enfin, et cette raison suffit à elle seule, il est évident que la chute simultanée d'une infinité de gouttes de pluie à différentes élévations, doit amener sur chaque point les sept couleurs du spectre, et qu'il y aurait recomposition de la lumière blanche.

Je rejette donc la réfraction de la lumière dans l'arc-en-ciel. Tout rayon élargi (ou étendu) se décompose. C'est pourquoi la lumière réfléchie sur une surface convexe à très-court rayon devient prismatique ; les réseaux produisent cet effet-là. Or, la pluie n'est qu'un vaste réseau.

L'angle de 45°, formé par un rayon réfléchi sur un globe transparent, est celui sous lequel la lumière reçoit le plus grand choc, et dont la réflexion a angles égaux offre le moins d'extension ; s'il est plus petit ou plus grand, elle entre ou glisse plus facilement, et le pinceau réfléchi s'étend proportionnellement à la différence de ses angles d'incidence et de réflexion. Sous ce même angle, la lumière renvoyée plus vivement ne paraît pas décomposée ou sensiblement affaiblie, tel est le rayon S A O (fig. 8). Mais plus on s'éloigne du point A, comme en B ou en C, plus le rayon étendu s'affaiblit par une réflexion incomplète. L'énergie des rayons du prisme (l'expérience le prouve) diminue graduellement du rouge au violet, selon leur indice de réfraction. C'est pourquoi la couleur rouge sera la plus voisine du point A, de part et d'autre, puis les autres à la suite.

En fait de physique, la réfrangibilité des rayons me semble une des questions les plus importantes. Quel est le système d'équilibre qui fait dévier les rayons émergents ? La polarisation nous le révèlera-t-elle ? La couleur du spectre même ne serait-elle pas seulement due à un écartement forcé d'un pinceau de rayons, et partant plus ou moins affaibli que les circonvoisins ? Cette lumière est indécomposable, prétend-on ; mais ne changerait-elle pas, si le rayon générateur avait encore assez de force pour s'étendre tout seul ? Peut-on dire que ce soit là un effet de sa nature, quand surtout les physiciens remarquent beaucoup plus de sept couleurs, mais réunies ?

Je n'essayerai pas de répondre à toutes ces questions ; je dirai seulement que l'éclat et les couleurs de la lumière me semblent être, l'un comme l'autre, une sorte de faits *tout actionnel.*

FIN.

REMIREMONT, IMP. DE MOUGIN.

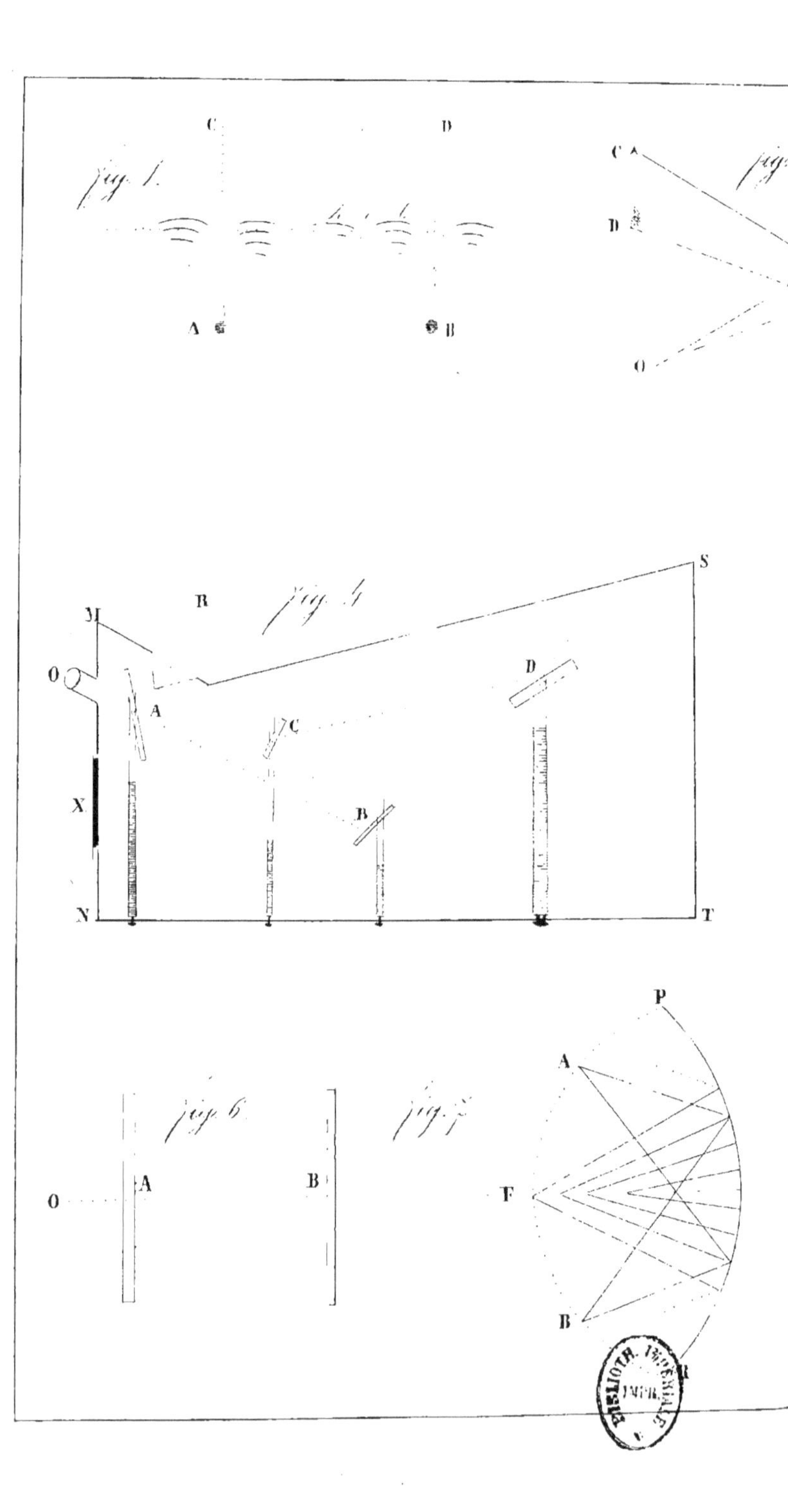

BIBLIOTH. IMPÉRIALE

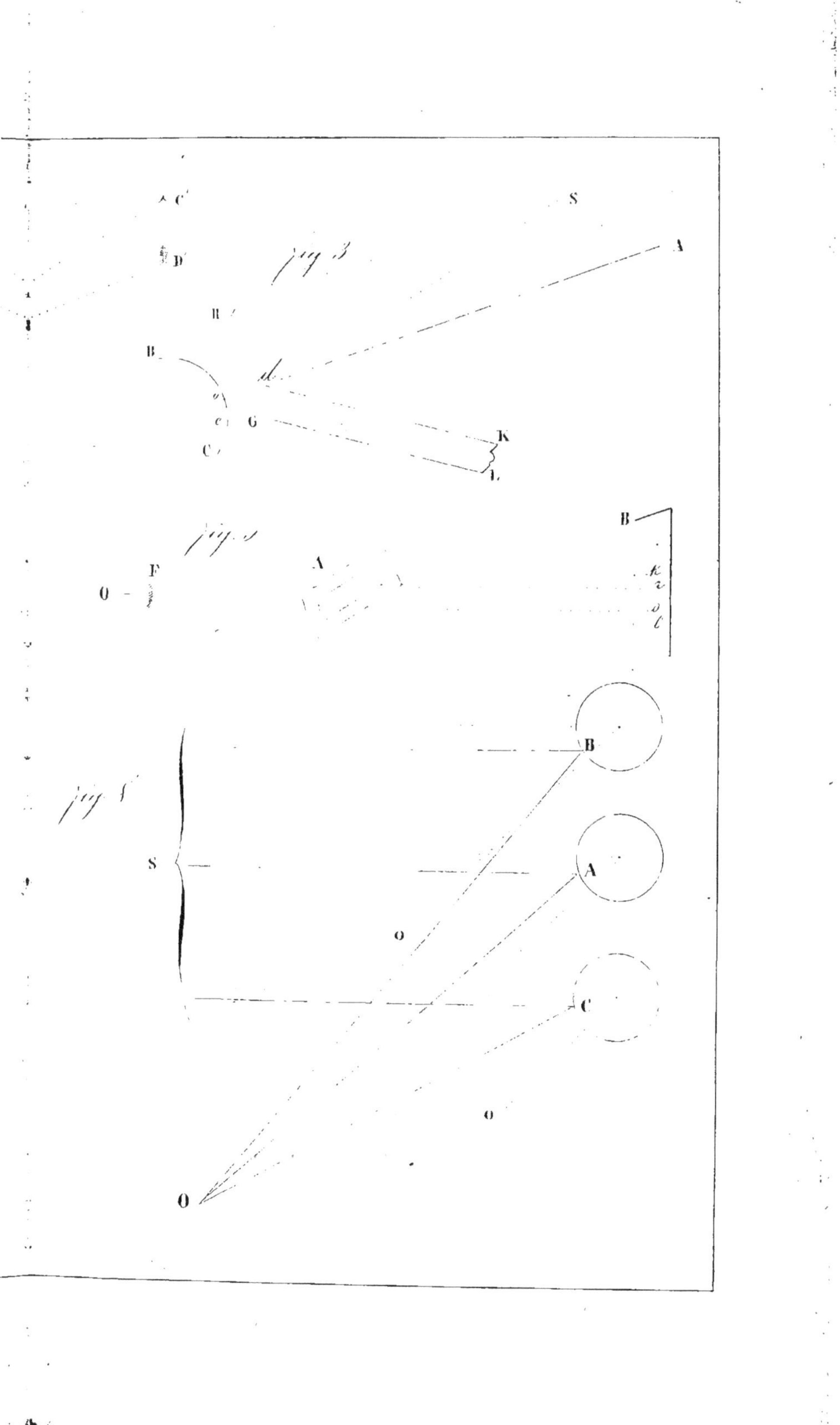

C
D
fig. 3
S
A
B
H
B
M
o
c
G
C
K
L
fig. 4
B
F
A
k
i
O
o
l
fig. 5
B
S
o
A
o
C
O

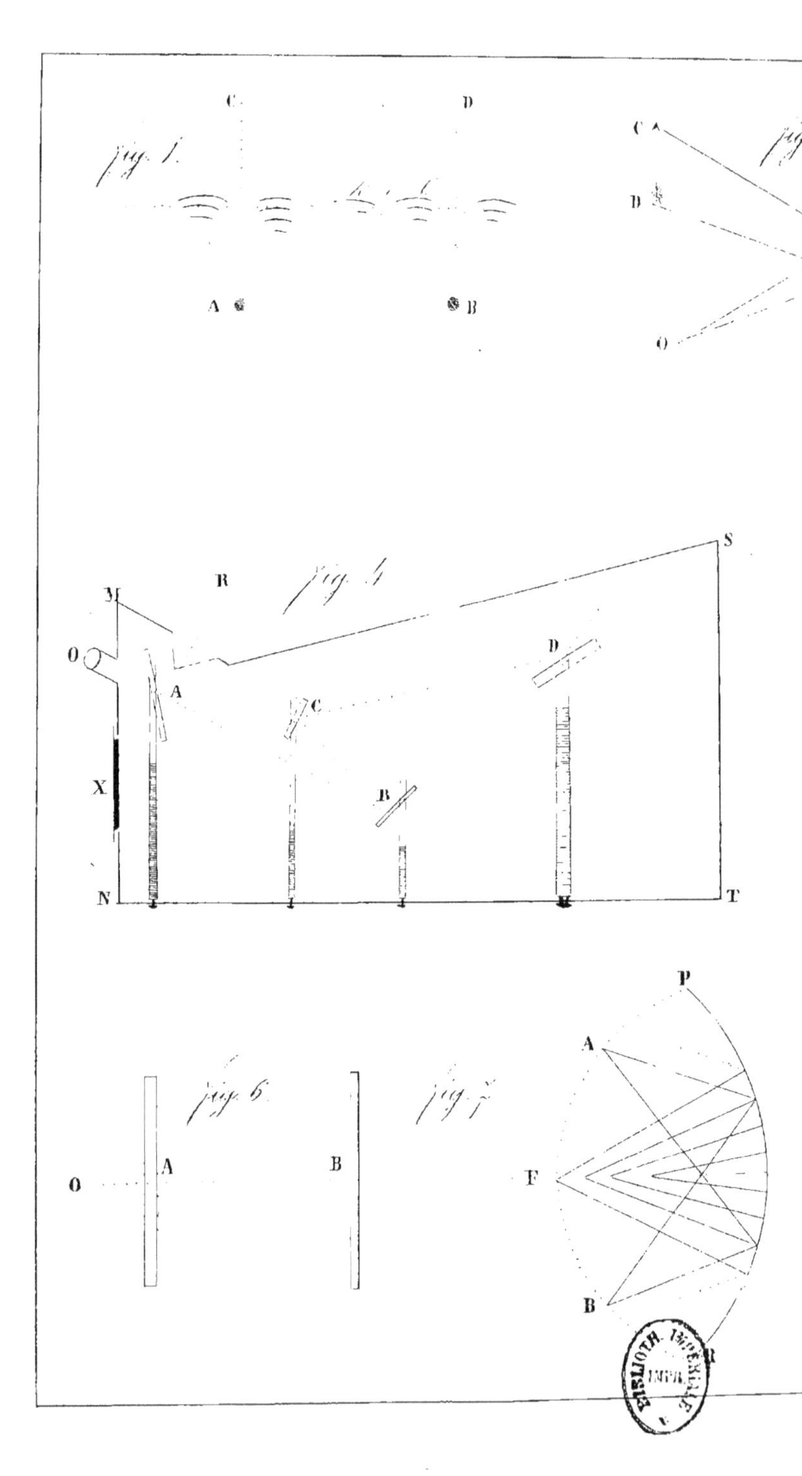

BIBLIOTH. IMPÉRIALE

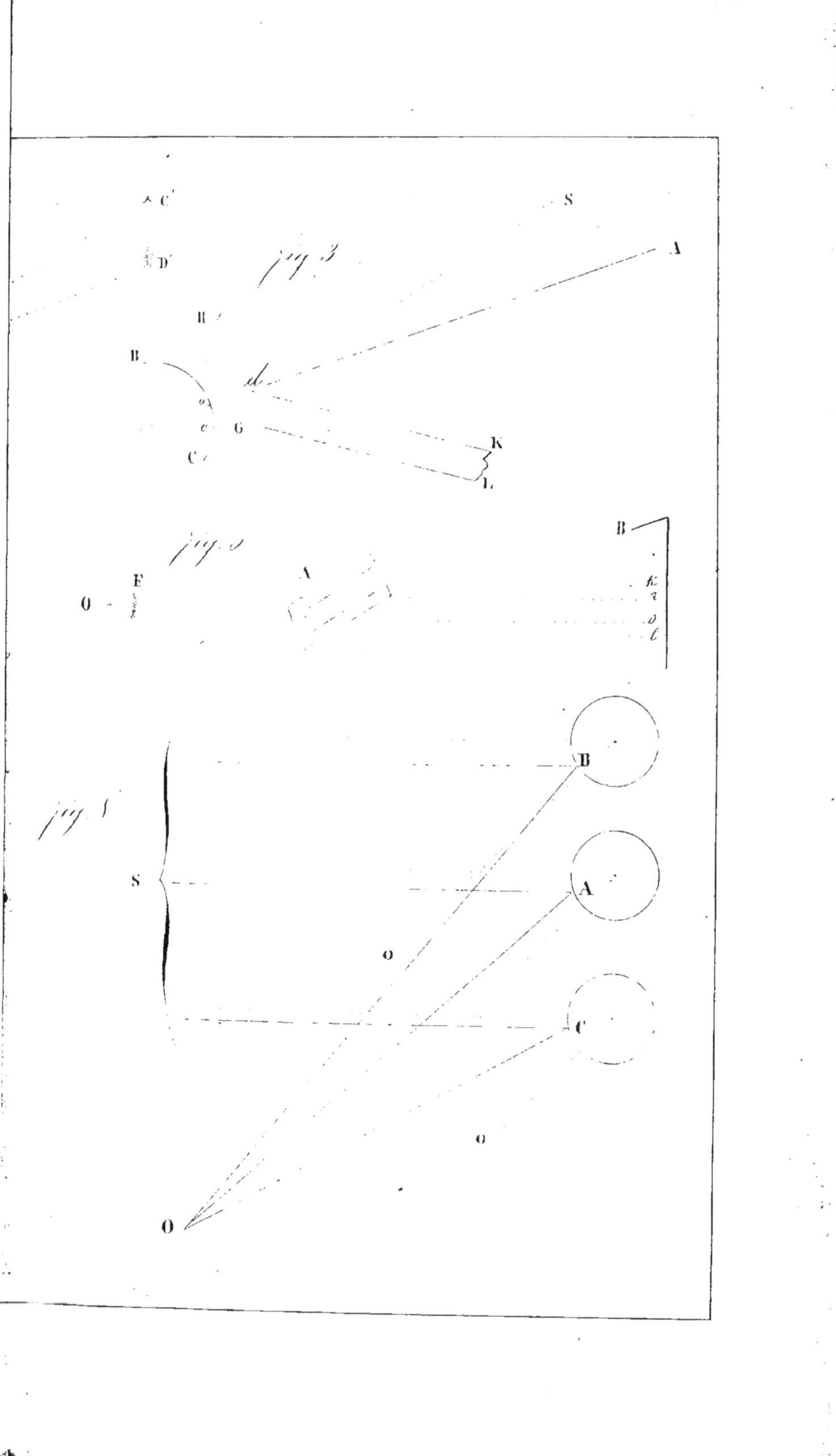

www.ingramcontent.com/pod-product-compliance
Lightning Source LLC
Chambersburg PA
CBHW061718050726
47598CB00004B/1899